BEI GRIN MACHT SICH IHR WISSEN BEZAHLT

- Wir veröffentlichen Ihre Hausarbeit,
  Bachelor- und Masterarbeit

- Ihr eigenes eBook und Buch -
  weltweit in allen wichtigen Shops

- Verdienen Sie an jedem Verkauf

Jetzt bei www.GRIN.com hochladen
und kostenlos publizieren

Philip Oesterreicher

Wassermärkte - Konzentrations- und Privatisierungstendenzen auf den Märkten für Trink- und Brauchwasser?

Mögliche Auswirkungen auf Lebensmittelproduktion, -verteilung und -versorgung

GRIN Verlag

Bibliografische Information der Deutschen Nationalbibliothek:

Die Deutsche Bibliothek verzeichnet diese Publikation in der Deutschen National-
bibliografie; detaillierte bibliografische Daten sind im Internet über http://dnb.d-
nb.de/ abrufbar.

Dieses Werk sowie alle darin enthaltenen einzelnen Beiträge und Abbildungen
sind urheberrechtlich geschützt. Jede Verwertung, die nicht ausdrücklich vom
Urheberrechtsschutz zugelassen ist, bedarf der vorherigen Zustimmung des Verla-
ges. Das gilt insbesondere für Vervielfältigungen, Bearbeitungen, Übersetzungen,
Mikroverfilmungen, Auswertungen durch Datenbanken und für die Einspeicherung
und Verarbeitung in elektronische Systeme. Alle Rechte, auch die des auszugsweisen
Nachdrucks, der fotomechanischen Wiedergabe (einschließlich Mikrokopie) sowie
der Auswertung durch Datenbanken oder ähnliche Einrichtungen, vorbehalten.

Impressum:

Copyright © 2009 GRIN Verlag, Open Publishing GmbH
Druck und Bindung: Books on Demand GmbH, Norderstedt Germany
ISBN: 978-3-640-71635-7

Dieses Buch bei GRIN:

http://www.grin.com/de/e-book/158970/wassermaerkte-konzentrations-und-priva-
tisierungstendenzen-auf-den-maerkten

GRIN - Your knowledge has value

Der GRIN Verlag publiziert seit 1998 wissenschaftliche Arbeiten von Studenten, Hochschullehrern und anderen Akademikern als eBook und gedrucktes Buch. Die Verlagswebsite www.grin.com ist die ideale Plattform zur Veröffentlichung von Hausarbeiten, Abschlussarbeiten, wissenschaftlichen Aufsätzen, Dissertationen und Fachbüchern.

Besuchen Sie uns im Internet:

http://www.grin.com/

http://www.facebook.com/grincom

http://www.twitter.com/grin_com

UNIVERSITÄT HOHENHEIM

Institut für Agrarpolitik und Landwirtschaftliche Marktlehre

Fachgebiet Agrarmärkte und Agrarmarketing

Seminararbeit

Wassermärkte -

Konzentrations- und Privatisierungstendenzen auf den Märkten für Trink- und Brauchwasser?

Mögliche Auswirkungen auf Lebensmittelproduktion, -verteilung und -versorgung.

Stuttgart-Hohenheim, im Dezember 2009

Inhaltsverzeichnis

Abbildungsverzeichnis

1 Einleitung

Wasser ist das Lebensmittel mit der größten Bedeutung für die Menschen, die Umwelt und die Wirtschaft. Wasser an sich ist zwar in fast unbeschränkter Menge verfügbar, jedoch ist nur ein Bruchteil davon sauberes Süßwasser, welches zudem nicht überall für den Menschen erreichbar und verfügbar ist. Weltweit kommt es zu einer Verknappung, und Wasser wird mehr und mehr von einem Nahrungsmittel zu einem Handelsgut, wobei ein großer Teil der Menschen vom Handel ausgeschlossen ist.

Doch Wasser ist dabei nicht gleich Wasser.

Die Beschaffenheit von Trinkwasser ist in Deutschland durch die Trinkwasserverordnung klar festgelegt. Nach dieser ist „Trinkwasser alles Wasser, im ursprünglichen Zustand oder nach Aufbereitung, das zum Kochen, zur Zubereitung von Speisen und Getränken oder insbesondere zu den folgenden anderen häuslichen Zwecken bestimmt ist: Körperpflege und -reinigung, Reinigung von Gegenständen, die bestimmungsgemäß mit Lebensmitteln in Berührung kommen, Reinigung von Gegenständen, die bestimmungsgemäß nicht nur vorübergehend mit dem menschlichen Körper in Kontakt kommen" (Trinkwasserverordnung 2001, § 3 Begriffsbestimmungen 1.a). Mit der eher umgangssprachlichen Bezeichnung „Brauchwasser" hingegen wird Wasser bezeichnet, das für technische Prozesse wie z.B. Maschinenkühlung verwendet wird und deswegen nicht höchste Trinkwasserqualität, aber doch eine gewisse Mindestqualität besitzen muss (O. V., O. J. A).

Im sehr wasserreichen Land Deutschland wird Trinkwasser für die Wasserversorgung aus Grund-, Quell- und Oberflächenwasser gewonnen.

Als Grundwasser wird dabei Wasser bezeichnet, das aus der Tiefe hochgepumpt wird und mit 62 % an der gesamten Gewinnung den mit Abstand größten Anteil ausmacht.

Oberflächenwasser wird aus Talsperren, Seen oder fließenden Gewässern direkt abgepumpt und macht 30 % aus. Bekanntestes Beispiel in Deutschland ist der Bodensee.

Quellwasser ist Wasser, das an Quellen zutage tritt und nur einen Anteil von 8 % hat (O. V., O. J. B).

Mit als Folge des starken Anstiegs der Weltbevölkerung im letzten Jahrhundert hat ein großer Teil der Bevölkerung keinen direkten Zugang zu sauberem Trinkwasser und die Wasserknappheit nimmt immer mehr zu. Besonders in Entwicklungsländern ist der Mangel an sauberem und ausreichendem Wasser einer der Hauptgründe für die geringe Lebenserwartung und hohe Kindersterblichkeit.

Da ein Großteil des weltweiten Wasserverbrauchs für die Landwirtschaft und Lebensmittelproduktion benötigt wird, wirkt sich die Verknappung des sauberen Wassers in gleichem Maße auf die landwirtschaftliche Produktionskapazität aus. Infolge dessen kann die Lebensmittelproduktion nicht in gleicher Geschwindigkeit steigen wie die Weltbevölkerung (DB RESEARCH 2009, S. 18).

Das knapper werdende Trinkwasser wird dabei immer notwendiger und begehrter, wodurch es zu Konflikten und sogar Kriegen kommen kann. Die zukünftige Bedeutung von Wasser wird dadurch deutlich, dass es als „das blaue Gold des 21. Jahrhunderts" bezeichnet wird.

Die Märkte für Trink- und Brauchwasser befinden sich dabei schon seit längerem in einem starken Umbruch.

Ziel der vorliegenden Seminararbeit ist es, Konzentrationstendenzen auf der Anbieterseite für Tafel- und Mineralwasser deutlich zu machen, welche zu einer fortschreitenden Monopolstellung seitens der Anbieter führen. Die Zahl der Anbieter wird dabei immer geringer und deren Marktmacht im Gegenzug immer größer. Eine Handvoll Unternehmen sind dabei, den Tafel- und Mineralwasser-markt kontinentübergreifend unter sich aufzuteilen.

Zudem soll überprüft werden, wie weltweit tätige Unternehmen daran beteiligt sind die öffentliche Wasserversorgung zu privatisieren und sich konzentrieren. Dabei gerät die Versorgung der Bevölke-rung mit Leitungswasser immer mehr zu einem reinen Investitionsobjekt.

2 Wasserverfügbarkeit weltweit und die Konsequenzen

Aufgrund der großen Bedeutung von Wasser für den Menschen ist die ständige Verfügbarkeit von außergewöhnlicher Wichtigkeit. Ein Mangel an Wasser hat existenzbedrohende Auswirkungen und spielt eine große Rolle bei der Ernährung und der Landwirtschaftlichen Produktion. Deswegen bürgt eine ungleiche Verteilung Konfliktpotential.

2.1 Wasserverfügbarkeit und Verteilung der Süßwasserressourcen weltweit

Auf den ersten Blick erscheint die Verfügbarkeit und Verteilung des Wassers auf der Erde kein Problem, so macht die Bezeichnung „Blauer Planet" deutlich, dass ein Großteil der Erdoberfläche mit Wasser bedeckt ist. Dabei ist aber fast alles Wasser in den Ozeanen vorhanden, so umfasst das Wasser der Meere circa 97 % des weltweiten vorhandenen Wassers, und nur rund 3 % sind Süßwas-ser. Für den menschlichen Verbrauch ist dabei nur Süßwasser nutzbar, weswegen Salzwasser direkt nicht verwendbar ist. Von den Süßwasserressourcen steckt aber das meiste in den Eismassen von

Nord- und Südpol, oder ist auf andere Weise für den Menschen nicht direkt erreichbar. So sind letztlich nur etwa 0,0075 % des gesamten Wassers für den Menschen als Süßwasser relativ leicht erreichbar und damit nutzbar (THE UN WORLD WATER DEVELOPMENT REPORT 2003 S. 67 FF.).

Viel bedeutender als der bei genauer Betrachtung nur äußerst gering erscheinende Anteil an verfügbarem Süßwasser ist aber die sehr ungleiche kontinentale Verteilung des Süßwassers. Wie in Abbildung 1 sichtbar, ist besonders in Asien, aber auch in Europa und Afrika der Anteil an der Weltbevölkerung höher als der Anteil an der Wasserverfügbarkeit. Südamerika z.B. ist hingegen prozentual gesehen sehr wasserreich.

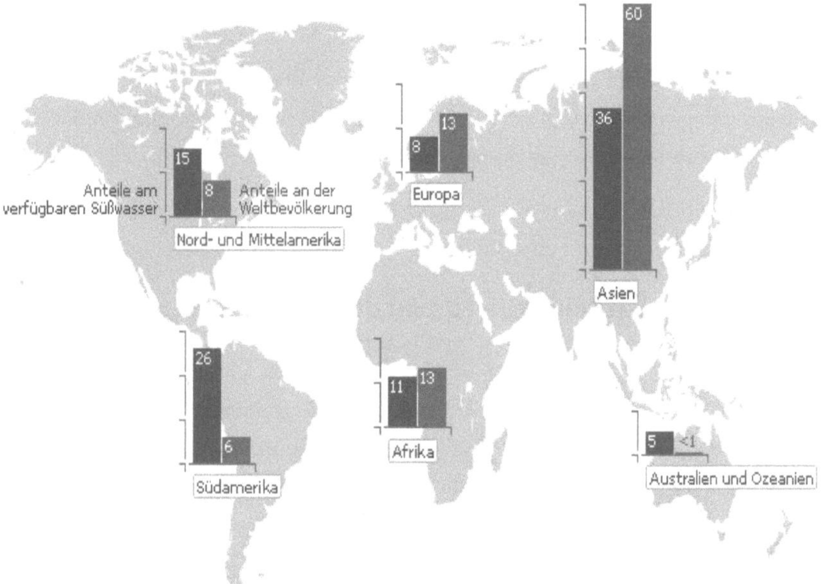

Abbildung 1: Wasserverfügbarkeit weltweit

(Grafik: bpb: Globalisierung – Wasserverfügbarkeit; Daten: The UN World Water Development Report 1, 2003 S. 69)

2.2 Der Wasserverbrauch und dessen Entwicklung

Da die Süßwasserressourcen äußerst begrenzt und so ungleich verteilt sind, kommt dem Verbrauch des Süßwassers und dadurch eventuell entstehenden Engpässen eine große Bedeutung zu. In den Gebieten mit reichlich Überschuss an Süßwasser besteht zwar kein aktueller Mangel, weswegen der Wasserverbrauch kaum beachtet wird, aber auch dort sind die Wasserreserven nicht unbegrenzt.

Dabei ist zu beachten, dass der direkte Wasserverbrauch, also jenes Wasser, das wir bewusst und „sichtbar" verbrauchen, nur einen kleinen Teil unseres gesamten Wasserverbrauchs ausmacht. Um den gesamten Wasserverbrauch realisieren zu können, muss auch das sogenannte virtuelle Wasser mit einbezogen werden. „Virtuelles Wasser beschreibt, welche Menge Wasser in einem Produkt oder einer Dienstleistung enthalten ist oder zur Herstellung verwendet wird" (O. V., O. J. C). Um den gesamten Wasserverbrauch der Bevölkerung vergleichen zu können, ist der Wasser-Fußabdruck hilfreich. „Der Wasser-Fußabdruck eines Landes umfasst die Gesamtmenge an Wasser, die für die Produktion der Güter und Dienstleistungen benötigt wird, die die Bevölkerung dieses Landes in Anspruch nimmt. Da nicht alle Güter in diesem Land produziert werden, berücksichtigt der Wasser-Fußabdruck sowohl einheimische Wasservorkommen als auch den Wasserverbrauch außerhalb der Landesgrenzen" (O. V., O. J. D).

Wie in Abbildung 2 sichtbar ist, gibt es hierbei weltweit gewaltige Unterschiede. Der durchschnittliche Wasser-Fußabdruck beträgt 1240 m^3 pro Jahr und Kopf, in den USA liegt er bei 2500 m^3, in China hingegen bei nur 700 m^3 pro Jahr und Kopf (WATERFOOTPRINT NETWORK).

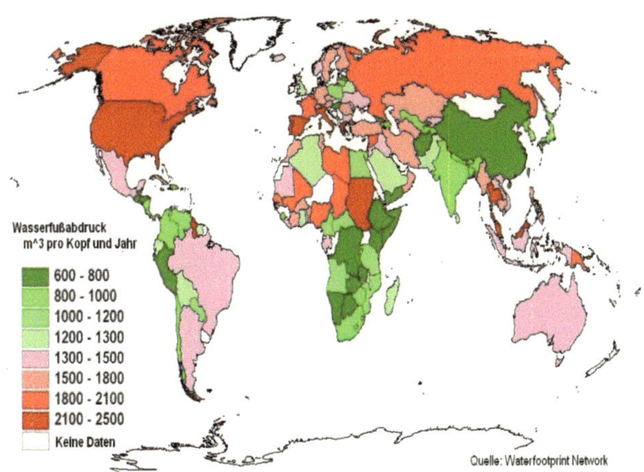

Abbildung 2: Durchschnittlicher Wasserfußabdruck

2.2.1 Wasserknappheit und deren Gründe

Da sich die Weltbevölkerung seit Menschengedenken erhöht hat und besonders in den letzten Jahrhunderten sprunghaft angestiegen ist, könnte dazu tendiert werden den steigenden Wasserverbrauch einfach mit dem Anstieg der Weltbevölkerung zu verrechnen.

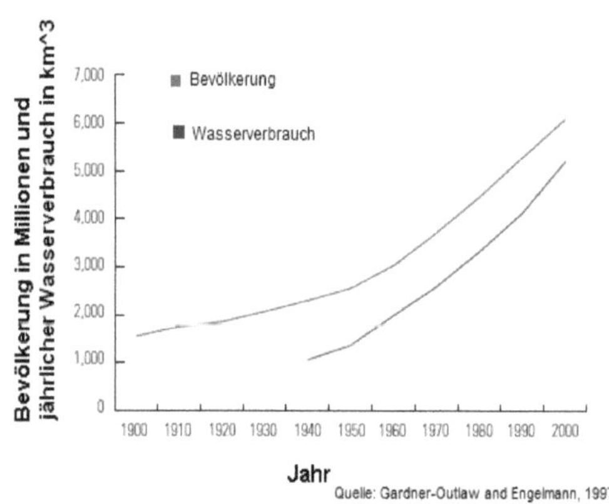

Abbildung 3: Weltbevölkerung und Wasserverbrauch

Wie in Abbildung 3 teilweise zu sehen ist, hat sich in den letzten hundert Jahren die Weltbevölkerung zwar ungefähr vervierfacht, der weltweite Wasserverbrauch hat sich aber gleichzeitig fast verzehnfacht (THE UN WORLD WATERDEVELOPMENT REPORT 2003, S. 12 FF.).

Dies macht deutlich, dass es noch andere gravierende Gründe geben muss für den starken Anstieg des Wasserverbrauchs. Am gesamten Wasserverbrauch machen die privaten Haushalte mit nur etwa 10% einen geringen Anteil aus, viel bedeutender ist der industrielle Verbrauch mit ca. 20% und vor allem die Landwirtschaft mit im Schnitt 70%, in einigen Entwicklungsländern sogar über 80% (The UN World Water Development Report 2009, S. 98f.).

So ist der durchschnittliche Wasserverbrauch pro Kopf von 350m^3 im Jahr 1900 auf 642m^3 im Jahr 2000 gestiegen (DB RESEARCH 2009, S. 18). In einigen westlichen Industrienationen stagniert bzw. fiel der durchschnittliche Wasserverbrauch pro Kopf in den letzten Jahren, was vor allem an steigenden Wasserkosten, verbesserten Wasserspartechniken und Aufrufen zum Wassersparen liegt. In den Entwicklungsländern hingegen, wo der Wasserverbrauch bisher vor allem durch unzureichende öffentliche Wasserversorgung und Armut sehr niedrig war, steigt der Wasserverbrauch durch verbesserte Infrastruktur und steigenden Wohlstand pro Kopf zunehmend an.

Neben der allgemein wachsenden Bevölkerung stellt die zunehmende Verstädterung ein Problem dar. Da immer mehr Ballungsräume entstehen, führt dies zu starkem Wasserbedarf in einigen Gebieten, was zu Problemen bei Wasserbereitstellung und Infrastrukturbau führt. Zudem entstehen Industriezentren in Stadtnähe, welche riesigen Wasserbedarf haben, was Wasserverknappung und Grundwasserverschmutzung zur Folge hat. Beispiel hierfür sind die Textilfabriken in Pakistan oder Bangladesch (THE UN WORLD WATER DEVELOPMENT REPORT 2003, S. 14 F.).

Ein weiterer Grund für den steigenden Wasserverbrauch sind der größer werdende Energiebedarf durch die steigende Bevölkerung und die zunehmende Industrialisierung. So benötigen nukleare und fossile Kraftwerke zur Energiebereitstellung einen großen Teil des vorhandenen Wassers (THE UN WORLD WATER DEVELOPMENT REPORT 2003, S. 13 F.).

Die globale Erwärmung hat zu Folge, dass es in manchen Gebieten kaum oder sogar jahrelang nicht mehr regnet. Dabei trifft es die Länder, die bereits an Wassermangel leiden, wie z.B. Pakistan und Indien, am stärksten (THE UN WORLD WATER DEVELOPMENT REPORT, 2003, S. 17).

Der wohl wichtigste Grund für zunehmende Wasserknappheit liegt in der Landwirtschaft. So werden heute etwa 20% der gesamten Anbauflächen bewässert, was ungefähr 275 Mio. Hektar entspricht (DB RESEARCH 2009 S.18). Die Entwicklung landwirtschaftlicher Hochleistungssorten, die im letzten Jahrhundert begann, ist bekannt unter der Bezeichnung „Grüne Revolution". Sie führte zwar zu steigenden Erträgen, aber auch zu höherem Wasserbedarf für die Bewässerung und zu vermehrtem Einsatz von Dünge- und Pflanzenschutzmitteln, was zu zunehmender Trinkwasserverschmutzung führte (O. V., O. J. E). Eine Veränderung der Essgewohnheiten durch einen höheren Lebensstandard und steigendes Einkommen hin zu mehr Fleischverzehr und Lebensmitteln, die in der Herstellung besonders wasserintensiv sind, führt ebenfalls zu einem höheren Wasserbedarf. So ist der Konsum von Rindfleisch in China in den letzten Jahren um 30% gestiegen und der von Geflügel um 60% (KORRESPONDENZ WASSERWIRTSCHAFT 2009, S. 416). Dabei wird für die Herstellung von 1kg Kartoffeln, seit jeher eines der Grundnahrungsmittel, mit 106 Liter Wasser vergleichsweise wenig benötigt, wohingegen für 1kg Lammfleisch 10000 Liter Wasser und für 1kg Rindfleisch 5000-20000 Liter Wasser benötigt werden (O. V., O. J. F). Dabei werden viele Waren, die in der Herstellung besonders wasserintensiv sind, wie z.B. Baumwolle und Kaffee, von Ländern, die bereits unter Trockenheit zu leiden haben, in relativ wasserreiche Länder exportiert.

2.2.2 Folgen und Auswirkungen auf die Lebensmittelproduktion

Da die Bevölkerung bis 2050 von derzeit 6,5 Milliarden auf circa 9 Milliarden Menschen steigen wird, werden auch mehr Lebensmittel benötigt (KORRESPONDENZ WASSERWIRTSCHAFT 8/2009, S. 415).

Dabei ist Wasser in der Lebensmittelproduktion das wichtigste Gut, weswegen die Steigerungsmöglichkeiten bei der Nahrungsmittelproduktion nicht zuletzt von genügend vorhandenem Wasser ausreichender Qualität abhängen. So muss in den nächsten 25 Jahren die weltweite Nahrungsmittelproduktion um circa 40 % erhöht werden und gleichzeitig der landwirtschaftliche Wasserverbrauch um 10-20 % gesenkt werden, um mit den vorhanden Wasserressourcen annähernd genügend Nahrungsmittel zu produzieren. Im Laufe des Klimawandels werden die Regionen mit hohem Bewässerungsanteil, z.B. Südostasien und China, stärker von der Wasserknappheit betroffen sein als andere. Als Folge dessen könnten die Weltmarktpreise für Reis, Weizen und Mais stark ansteigen, was besonders die Ernährungssituation der armen Nettoimportländer stark verschlechtern würde. Diese Entwicklung kann ausgeglichen werden, indem die landwirtschaftlichen Erträge durch Verbesserungen in der Pflanzenzüchtung gesteigert werden. Insbesondere muss dabei die Optimierung des Wasserverbrauchs vorangetrieben werden. So geben neue Reissorten bis zu viermal mehr Ertrag als ältere Sorten bei gleichem Wasserverbrauch. Um das knappe Wasser effektiver zu nutzen, müssen zudem die Bewässerungstechniken und die Infrastruktur verbessert werden. So kann die Effizienz der künstlichen Bewässerung durch verbesserte Technologie von derzeit vielerorts 20-30 % auf circa 75-90 % verbessert werden (LOTZE-CAMPEN 2007).

Ohne grundlegende Fortschritte beim Wasserverbrauch in der Landwirtschaft wird in vielen Regionen weiterhin mehr Wasser entnommen, als durch den natürlichen Wasserkreislauf wieder hinzukommt. So sinken in einigen Regionen, z.B. in Nordafrika und im mittleren Osten, die Grundwasserspiegel immer weiter, und es muss immer tiefer gebohrt werden um diese noch zu erreichen. Seen werden völlig ausgeschöpft bis sie versanden, beispielsweise der Aralsee in Asien (KORRESPONDENZ WASSERWIRTSCHAFT 8/2009, S. 416).

2.3   Weltwasserrat – Arbeit und Ziele

Der Weltwasserrat ist eine internationale Plattform zur Förderung von Diskussionen und Erfahrungsaustausch zum Thema Wasser, gegründet 1996 in Marseille. Seine Aufgabe sieht er darin, das Bewusstsein, den Aufbau politischen Engagements und Maßnahmen bei kritischen Themen der Wasserwirtschaft zu fördern. Das Ziel ist die effiziente Erhaltung, der Schutz, die Entwicklung, die Planung, die Verwaltung und die Verwendung von Wasser in allen Dimensionen auf einer ökologisch nachhaltigen Basis zum Nutzen allen Lebens auf der Erde. Der Rat finanziert sich hauptsächlich durch Mitgliedsbeiträge und zusätzliche Unterstützung durch die Stadt Marseille. Spezifische Projekte und Programme werden finanziert durch Spenden und Zuschüsse von Regierungen, internationalen Organisationen und NGOs (O. V., O. J. G).

Kritisch zu sehen ist dabei aber, dass der Wasserrat nicht aus einem demokratischen, unabhängigen Gremium besteht, das den Aufgaben neutral gegenüber steht. Tatsächlich haben die Wasserindustrie und auch die Weltbank einen großen Einfluss im Wasserrat. Dies wird auch durch die Führungspositionen im Wasserrat deutlich. So war der erste Präsident Mahmoud Abu-Zeid, Ägyptischer Minister für Wasserressourcen und Bewässerung. Die ersten Vizepräsidenten waren der damalige Vizepräsident des französischen Wasser- und Energiekonzerns Suez, René Coulomb, und der ehemalige Vizepräsident der Weltbank William Cosgrove. Dies wird auch häufig von globalisierungskritischen Organisationen, wie z.B. ATTAC kritisiert (HASSKAMP, D. 2005).

Seit 1997 findet alle 3 Jahre das Weltwasserforum statt, welches vom Weltwasserrat ins Leben gerufen wurde. Stationen waren bisher Marrakesch 1997, Den Haag 2000, Kyoto 2003, Mexico Stadt 2006 und zuletzt 2009 Istanbul. Das Forum geht dabei auf die aktuellen Probleme der Wasserversorgung und Wasserverteilung auf gesellschaftlicher und politischer Ebene ein (O. V., O. J. H).

2.4 Wasser als möglicher Kriegsgrund der Zukunft

Wie bereits ausgeführt wird sich der Wassermangel in Zukunft noch weiter verschärfen, was ein großes Konfliktpotential birgt, da Wasser lebensnotwendig ist. Zudem fließen viele Flüsse und Gewässer durch mehrere Länder, die gezwungen sind sich das Wasser zu teilen.

Schon heute gibt es in vielen Regionen Konflikte, in denen es letztlich um Wasser geht. Die Ausmaße reichen dabei von kleinen Auseinandersetzungen zwischen wenigen Familien oder Dörfern, die in anderen Gebieten keine Beachtung finden, bis hin zu kriegerischen Konflikten die ganze Länder betreffen. Ein Beispiel hierfür ist der momentane Konflikt in Darfur. Durch eine Verfünffachung der Bevölkerung und der Viehbestände in zwei Generationen ist der Bedarf an Wasser und Nahrungsmitteln stark angestiegen, das Wasserangebot hat sich aber nicht erhöht. Durch den Klimawandel verschlimmert sich die Trockenheit noch mehr, was die Krise weiter verschlimmert (TAGESSCHAU 2009).

Im Nahen Osten birgt der Fluss Jordan Konfliktpotential. Um das wenige Wasser, das er führt, konkurrieren Israel, Jordanien, Libanon, Syrien und das Westjordanland. Das Gebiet ist an Süßwasserressourcen sehr arm, weswegen der Jordan eine der wenigen nutzbaren Wasserquellen ist. Dabei hat nur der Libanon ausreichend Wasser. Seit Mitte des 20. Jahrhunderts kommt es zwischen den Ländern immer häufiger zu Auseinandersetzungen, die ihre Ursache in Eingriffen in den natürlichen Lauf des Wassers haben, welche von einzelnen Ländern ausgeführt werden. In den anderen Ländern führt dies zu noch gravierenderem Wassermangel, der existenzbedrohend ist. Besonders in den Palästinensergebieten steht dabei nur sehr wenig Wasser zur Verfügung, wohingegen Israel relativ viel Wasser für sich beansprucht. Nach dem Willen der Palästinenser und Jordanier soll deswegen der Streit um das Wasser mit in den Nahost-Friedensprozess aufgenommen werden. Es zeigt sich auch, dass hier die Streitfrage um das Wasser ohne internationale politische Unterstützung bei den Verhandlungen kaum zu lösen sein wird (POLITIK UND ZEITGESCHICHTE 2001, S. 30 FF.).

3 Der Markt für Trink-, Tafel- und Mineralwasser

Aufgrund der dargestellten Wichtigkeit von sauberem Wasser für die Menschen, kommt dem Trink-, Tafel- und Mineralwassermarkt eine große Bedeutung zu. Da alle Menschen in gleichem Maße auf sauberes Wasser angewiesen sind, wird bei über 6 Milliarden Menschen auch die wirtschaftliche Größe dieses Marktes deutlich.

3.1 Die Öffentliche Wasserversorgung

Waren die Menschen im 19. Jahrhundert noch auf Trinkwasser aus Brunnen oder auf gesammeltes Regenwasser angewiesen, sind heute in Deutschland 99% der Bevölkerung an die Öffentliche Wasserversorgung angeschlossen, beliefert werden die Deutschen dabei von circa 7000 Wasserversorgern (STATISTISCHES BUNDESAMT WIESBADEN, 2009). Weltweit gibt es dabei aber große Unterschiede

und in anderen Ländern sind oftmals viel weniger Menschen an das Wasserleitungsnetz angeschlossen, bzw. es ist gar kein Leitungsnetz vorhanden.

3.1.1 Organisation der öffentlichen Wasserversorgung

In Deutschland ist die öffentliche Wasserversorgung hauptsächlich noch kommunal und sehr kleinflächig organisiert, d.h. viele verschiedene Anbieter teilen sich den Markt. In anderen Ländern gibt es große Unterschiede.

In England und Wales war die Wasserversorgung früher ebenfalls sehr kleinräumig strukturiert, teils kommunal, teils privat. Anfang der siebziger Jahre des vergangenen Jahrhunderts wurde die Wasserversorgung dann in 10 großflächige „water authorities" eingeteilt, welche später alle privatisiert wurden (HERBECK 2006, S. 34 FF.). In Frankreich sind seit Beginn der Trinkwasserversorgung die Kommunen dafür verantwortlich, können die Aufgabe der Wasserversorgung allerdings an private Unternehmen abgeben (SANDER 2006, S. 98), was die meisten Kommunen auch getan haben. So waren im Jahr 2000 79% der Wasserversorgung privat (SCHERRER 2005, S. 81).

Großbritannien und Frankreich sind aber Ausnahmen. Weltweit wird die Wasserversorgung zumeist noch von öffentlichen Unternehmen durchgeführt. Tendenziell steigt der Privatisierungsanteil aber weltweit kontinuierlich an (GLOBALISIERUNG DER WELTWIRTSCHAFT 2002, S. 366).

3.1.2 Monopole – Bildung und Ausprägung

Der Markt der privaten Wasserversorger ist in den letzten Jahren deutlich übersichtlicher geworden. Gab es früher noch viele kleine Anbieter, hat sich nun eine geringe Zahl an großen Anbietern herausgebildet. Weltgrößter Wasserversorger ist heute der französische Konzern Veolia (ehemals Vivendi), der weltweit über 110 Millionen Menschen mit Wasser versorgt, allein in Deutschland knapp 5 Millionen (O. V., O. J. I). Weiterer Großkonzern im Wassergeschäft ist der ebenfalls französische Versorger Suez, der circa 76 Millionen Kunden hat (O. V., O.J. J).

Der deutsche Konzern RWE, ursprünglich der drittgrößte Wasserversorger der Welt mit dem Ziel der größte zu werden, hat sich mittlerweile aus dem Wassergeschäft zurückgezogen und seine Tochterunternehmen American Water und Thames Water abgestoßen (O. V. O. J. K).

Gründe für die Entwicklung hin zu wenigen großen Wasserversorgern ist die Eigenschaft bei der Wasserversorgung, dass sehr hohe Kosten für Aufbau und Betrieb des Leitungsnetzes entstehen, weswegen es zu einem sogenannten Natürlichen Monopol kommt (SAMUELSON, NORDHAUS 2007, S. 489). So beträgt der Kostenanteil des Leitungsnetzes, also Bau-, Betrieb- und Instandhaltungskosten, 50-75% an den Gesamtkosten der Wasserversorgung bei großstädtischer Versorgung. Bei der Versorgung eines Gebietes mit schwieriger Topographie und geringer Anschlussdichte, also z.B. im Gebirge, können die Leitungsnetzkosten über 90% der Gesamtkosten der Wasserversorgung ausmachen (MERKL 2008, S. 422).

Begünstigt wurden die Konzentrationstendenzen bei den Wasserversorgern durch politische Entscheidungen und Lenkungsbestrebungen.

Zu Beginn der 80er Jahre entstand bei der Weltbank und anderen Organisationen eine zunehmende Frustration über die andauernden Probleme einer ausreichenden Wasserversorgung, insbesondere in den ärmeren Ländern. So verfolgten die Weltbank, der Internationale Währungsfond und andere geldgebende Institutionen im Folgenden eine Politik, deren Ziel es war international die Privatisierung im Wassermarkt und anderen Wirtschaftsbereichen voranzutreiben und staatliche Monopole aufzubrechen. Sie erhofften sich dadurch eine schnellere und bessere Versorgung der Menschen mit Wasser und dass mehr Investitionen ins Wassernetz getätigt würden, da sie die Nationalstaaten in der Wasserversorgung überfordert sahen. Um ihr Ziel der Privatisierung voranzutreiben und umzusetzen, wurden z.B. Kredite, Fördermittel und Schuldenerlasse für Staaten und Regionen an die Bedingung geknüpft, Staatsbetriebe zu privatisieren und Gesetze zu liberalisieren (HÖRING 2004; HÖRING 2005: S. 27 FF.). Ein Beispiel hierfür ist, dass 1997 ein Kredit der Weltbank an Tansania über 300 Millionen Dollar an die Bedingung geknüpft wurde, staatliche Betriebe zu privatisieren. Andernfalls würde Tansania nur 100 Millionen Dollar als Kredit bekommen (KÜRSCHNER-

PELKMANN 2007, S. 107F.).

Auch die Europäische Union hat sich zum Ziel gesetzt, den Wassersektor zu liberalisieren und zu privatisieren. So heißt es: „Eine weitere Liberalisierung dieses Sektors würde neue Wirtschaftsmöglichkeiten für europäische Konzerne bieten, wie die Expansion und Übernahmen im Ausland durch eine Reihe europäischer Wasserkonzerne zeigen" (LEITFADEN EUROPÄISCHE KOMMISSION 1998, S. 67). Die EU hatte zudem im Rahmen der GATS-Verhandlungen (General Agreement on Trade in Services) an 72 Länder die Forderung gestellt, ihre Trinkwasserversorgung zu liberalisieren (DECKWIRTH; WORLD ECONOMY, ECOLOGY & DEVELOPMENT).

3.1.3   Investitionsobjekt Wasserversorgung – Bsp. Bodenseewasserversorgung

Obwohl Wasser in Deutschland offiziell noch als Nahrungsmittel und nicht als Handelsgut gilt, ist es zum Investitionsobjekt geworden. Abgesehen von der Privatisierung der Wasserversorgung, haben die Kommunen das Wasser als Geldquelle entdeckt. Das sogenannte Cross-Border-Leasing entstand Mitte der 90er-Jahre und galt als das Geschäftsmodell des neuen Jahrtausends. Neben anderen kommunalen Einrichtungen wie Stadtbahnen und Kläranlagen wurden viele Wasserversorgungsverbände und -werke dafür verwendet. Die Kommunen verkauften ihre Versorger an Investoren, hauptsächlich in den USA, von welchen sie sie dann durch einen langfristigen Mietvertrag zurückmieteten. Der eigentliche Gewinn des Geschäfts entstand durch steuerliche Vorteile, bedingt durch unterschiedliche rechtliche Regelungen in den beteiligten Ländern. Einen kleinen Teil des so entstandenen Gewinns bekamen die Kommunen sofort als sogenannten Barwertvorteil ausbezahlt. Der Vorteil für die Kommunen war die sofortige Auszahlung einer für ihre Verhältnisse großen Menge Geld, auch wenn der Investor einen deutlich größeren Gewinn machte. Ein Nachteil war die lange vertragliche Bindung, und dass die Anlage in ihrem Bestand nicht verändert werden durfte, d.h. auch wenn aufgrund geringerer Bevölkerung ein kleineres Leitungsnetz ausreichen würde, darf es nicht verkleinert werden. Seit 2004 sind Cross-Border Geschäfte aufgrund einer Gesetzesänderung in den USA nicht mehr erlaubt (BUTTERWEGGE U.A. 2008, S. 112 FF.).

Neben vielen kleinen Geschäften ist das prominenteste Beispiel für Cross-Border-Leasing in Baden-Württemberg der Fall der Bodenseewasserversorgung BWV. Mit über 180 Verbandsmitgliedern und über 4 Millionen Kunden zählt der Zweckverband zu den größten in Deutschland (O. V., O. J. L). Die gesamte technische Infrastruktur der BWV wurde für 99 Jahre an einen US-Investor zum Preis von 841 Millionen US-Dollar verkauft, von welchem sie dann langfristig zurückgemietet werden sollte. Der Barwertvorteil für die BWV sollte ursprünglich 35 Millionen Euro betragen. Aufgrund der weltweiten Finanzmarktkrise wurden dann aber Umschichtungen der Leasingverträge bei den beteiligten Finanzinstituten nötig, was zu außerplanmäßigen Kosten führte. Um noch weitere Kosten zu vermeiden, kaufte die BWV ihre technischen Einrichtungen schließlich kurzfristig zurück und löste die Verträge auf. Letztlich entstand durch das gesamte Geschäft ein Verlust von 4,7 Millionen Euro, welcher zu steigenden Wasserpreisen führen wird (STUTTGARTER NACHRICHTEN STADTAUSGABE NR. 157, 11. JULI 2009, S.24; MESSNER 2008).

3.2 Der Markt für Tafel- und Mineralwasser

Das Wasser, welches in Fertigverpackungen verpackt und verkauft wird, ist nach der Mineral- und Tafelwasserverordnung unterschiedlich aufgegliedert. Demnach kommt Natürliches Mineralwasser aus unterirdischen, vor Verunreinigungen geschützten Wasservorkommen, ist am Quellort abgefüllt, von ursprünglicher Reinheit und amtlich anerkannt. Quellwasser hat seinen Ursprung ebenfalls in unterirdischen Vorkommen, ist am Quellort abgefüllt, hat aber weniger Anforderungen bezüglich Gewinnung und Abfüllung und muss nicht amtlich anerkannt werden. Tafelwasser hat keine Anforderungen bezüglich Behandlungsmethode oder Mineralstoffgehalt und darf verschiedene Zusätze enthalten (MINERAL- UND TAFELWASSERVERORDNUNG 1984, 2. ABSCHNITT FF.).

Wie in nebenstehender Abbildung zu sehen ist, hat sich der Pro-Kopf-Verbrauch von Mineral- und Heilwasser in den letzten Jahrzehnten in Deutschland mehr als verzehnfacht. 2008 hat jeder Deutsche im Schnitt knapp 134 Liter Mineral- und Heilwasser getrunken. Insgesamt wurden in Deutschland 2008 über 13 Milliarden Liter Mineral- und Heilwasser abgesetzt (VERBAND DEUTSCHER MINERALBRUNNEN E.V., MAI 2009). Dies verdeutlicht die Größe und Bedeutung, die der Mineralwassermarkt angenommen hat.

In Deutschland und anderen entwickelten Industrieländern hat das Leitungswasser eine so hohe Qualität, dass es ohne Probleme als Trinkwasser genutzt werden kann, weshalb das in Flaschen verkaufte Wasser meistens lediglich eine Alternative darstellt. In vielen ärmeren, häufig südlichen Ländern hat das Leitungswasser aber keine Trinkwasserqualität bzw. es ist gar kein Leitungsnetz vorhanden, weswegen in Flaschen gekauftes Wasser die einzige Möglichkeit ist, sauberes Trinkwasser zu bekommen.

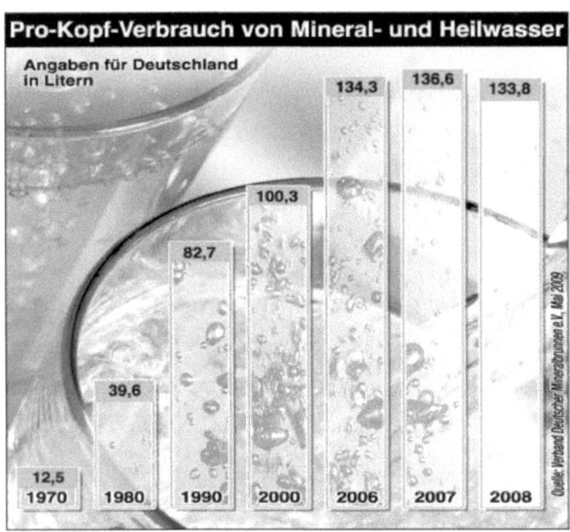

Abbildung 4: Pro-Kopf-Verbrauch von Mineral- und Heilwasser

3.2.1 Konzentrationstendenzen auf Anbieterseite

Lange Zeit bestand der weltweite Flaschenwassermarkt aus vielen kleinen regionalen, allenfalls nationalen Anbietern. In den letzten Jahrzehnten begann er sich aber zu konzentrieren und es haben sich mittlerweile hauptsächlich vier Global Player herausgebildet, die ein Drittel des weltweiten Flaschenwassermarktes unter sich aufteilen. Weltmarktführer ist Nestlé (z.B. Aquarel, Vittel, San Pellegrino) gefolgt von Danone (Evian, Volvic), Coca-Cola (Apollinaris, Dasani, Bonaqua) und Pepsi (Aquafina). Da die Hersteller ihr Wasser kaum unter dem eigenen Namen verkaufen und oft der wirkliche Eigentümer der Wassermarke nicht direkt angegeben ist, ist dem Verbraucher das wirkliche Ausmaß der Anbieterkonzentration kaum bewusst. So hatten Nestlé und Danone mit ihren vielen Wassermarken zusammen 2005 in Westeuropa einen Marktanteil von 25 % (BPB MAGAZIN 2007, S. 19 FF.).

Aufgrund des relativ hohen Gewichts wird das meiste Wasser dabei in dem Land, in dem es produziert wird, auch verkauft. Nur relativ teure Wassermarken werden dabei auch exportiert. Ein Beispiel hierfür ist Volvic, welches in Frankreich abgefüllt, aber auch in Taiwan und Japan getrunken wird und das Exportwasser Nummer 1 ist. Um trotzdem eine globale Wassermarke zu etablieren, die auch in mehreren Ländern hergestellt werden kann, sind einige Hersteller dazu übergegangen, Tafelwasser und Quellwasser an verschiedenen Standorten in Flaschen abzufüllen und unter einer

Marke in verschiedenen Ländern zu verkaufen. So können logistische Aufwendungen und Kosten erheblich reduziert werden, aber trotzdem eine Wassermarke mit hohem Wiedererkennungswert geschaffen werden. Prominentestes Beispiel hierfür ist „Pure Life" von Nestlé, welches hauptsächlich in Ländern mit geringer Kaufkraft, aber hoher Bevölkerung etabliert ist, wie z.B. Pakistan, wo es nach kurzer Zeit bereits einen Marktanteil von über 50 % hatte. Da in diesen Ländern das Leitungswasser oft keine Trinkwasserqualität hat, sind die Menschen dort auf das Flaschenwasser angewiesen (BROT FÜR DIE WELT JULI 2003).

Um den Marktanteil weiter zu erhöhen, werden zudem gezielt einheimische Konkurrenten einfach aufgekauft, was zwar die kurzfristig teuerste, aber sicher die schnellste Möglichkeit ist, Marktanteile zu erhöhen. So hat Nestlé 1992 die Marke Perrier und 1998 San Pellegrino, welche Marktführer in Frankreich und Italien waren, übernommen (O. V., O. J. M), wobei dies nur die prominentesten Übernahmen waren. Begleitet wurden sie noch von vielen Aufkäufen regionaler Anbieter. Gleiches gilt für die Konkurrenten von Nestlé, wie z.B. Danone.

3.2.2 Folgen und Auswirkungen für die Verbraucher

Die Auswirkungen auf den Verbraucher sind nicht direkt spürbar und sichtbar. Anders als bei der öffentlichen Wasserversorgung ist der Verbraucher ja nicht auf einen Hersteller bzw. Versorger angewiesen und kann frei wählen, wobei dies nicht immer so einfach ist wie in Deutschland. Aus über 500 Mineral- und Heilwassermarken kann der Konsument in Deutschland theoretisch wählen, soviel wie in kaum einem anderen Land (O. V., O. J. N). In vielen Ländern ist dies aber nicht so einfach. Da es dort sehr viel weniger Wassermarken zu kaufen gibt, und die Verbraucher aufgrund ihrer finanziellen Lage auf das billigste Flaschenwasser und somit auf eine Marke angewiesen sind, kommt dies einem Monopol gleich.

Gravierende Probleme ergeben sich für die Bewohner der Regionen aus denen die riesigen Mengen an Wasser für die Abfüllung in Flaschen beschafft werden. Ein Beispiel hierfür ist der Ort Plachimada in Indien, an dem Coca-Cola eine Fabrik zur Herstellung und Abfüllung von Softdrinks und Wasser gebaut hat. Riesige Mengen an Grundwasser hat Coca-Cola dann täglich zur Getränkeherstellung aus dem Boden gepumpt. Die Folge war, dass die Äcker und Brunnen der Bewohner im Umkreis der Fabrik vertrockneten und versalzten und das Wasser nicht mehr trinkbar war (BHAVNANI 2009, S.59 FF). Ein ähnliches Beispiel ist Michigan in den USA, wo Nestlé große Mengen Wasser abpumpt, um es unter der Marke „Ice Mountain" zu verkaufen. Auch hier sank der Grundwasserspiegel in der Umgebung und der Wassergehalt änderte sich (SNITOW 2007, S. 167 FF.). Weitere ähnliche Fälle gibt es in vielen anderen Gebieten, z.B. in Südamerika. Durch die Größe der

Unternehmen haben sie bei Verhandlungen gegenüber Gesetzesvertretern eine stärkere Stellung und können sich eher durchsetzen als kleine Unternehmen.

Da die Flaschenwasserkonzerne ihren Profit in den ärmeren Gegenden häufig daraus ziehen, dass die Bevölkerung aufgrund schlechter Wasserversorgung mit Leitungswasser auf das Flaschenwasser angewiesen ist, haben sie folglich nur wenig Interesse daran, dass sich die Leitungswasserversorgung verbessert.

3.3 Mehrwert Mineralwasser gegenüber Leitungswasser

Bei der einfachen Verfügbarkeit und dem geringen Preises von Leitungswasser stellt sich die Frage, was überhaupt für im Laden gekauftes Flaschenwasser spricht, das im Vergleich zu Leitungswasser sehr teuer und nur mit relativ großem Aufwand zu bekommen ist.

Ein klarer Vorteil von Leitungswasser ist, dass das Rohrnetz i.d.R. schon vorhanden und ausreichend ausgebaut ist, weshalb es relativ wenig Energie kostet, das Wasser bis zum Endverbraucher zu transportieren. Bei in Flaschen verkauftem Mineralwasser kommt ein aufwändiger Transport vom Hersteller über Zwischenwege bis zum Endverbraucher dazu. Zudem kostet die Herstellung der Glas- und Plastikflaschen viel Energie. Bei Mehrwegflaschen kommen der Rücktransport vom Verbraucher zum Hersteller und die Reinigung der Flaschen dazu. Der Mineraliengehalt im Leitungswasser ist im Durchschnitt zwar etwas geringer als in Mineralwässern, da der Körper den Großteil an Mineralien aber durch die Nahrung aufnimmt, ist dieser Aspekt zu vernachlässigen. Auch die Qualität des Leitungswassers ist durch die Trinkwasserverordnung klar festgelegt und wird regelmäßig kontrolliert. Da die Kontrolle aber nur bis zum Anschluss der Häuser der Endverbraucher geht, könnten ein Schwachpunkt veraltete Rohrleitungen in den Wohnhäusern sein, so gibt es in Altbauten zum Teil noch Bleirohre (O. V. 2005 SÜDDEUTSCHE ZEITUNG). Bei Flaschenwasser besteht hingegen der Verdacht, dass Stoffe aus dem Flaschenmaterial PET, z.B. Acetaldehyd, in das Wasser übergehen können, was auch schon durch Tests bestätigt wurde. Die Langzeitfolgen auf den Körper sind noch nicht gänzlich erforscht, als sicher gilt nur, dass der Geschmack des Wassers beeinträchtigt wird (STIFTUNG WARENTEST, TEST 8/2008).

Zusammenfassend lässt sich sagen, dass es keinen klaren Vorteil von Mineralwasser gegenüber Leitungswasser gibt. Die Beliebtheit von Mineralwasser aus dem Laden ist wohl größtenteils auf aufwändige Werbemaßnahmen und Imagekampagnen zurückzuführen, wohingegen Leitungswasser größtenteils ohne Marketing „verkauft" wird. Ein Beispiel hierfür ist die Wassermarke Dasani von Coca-Cola. In Nordamerika sehr erfolgreich, wurde nach der Markteinführung in Großbritannien bekannt, dass es sich dabei nur um normales Leitungswasser handelt, das mit Mineralien versetzt in

Flaschen abgefüllt und teuer verkauft wird. Nachdem bekannt wurde woraus Dasani tatsächlich bestand musste Coca-Cola die Einführung in weiteren Ländern stoppen (o. V. 2004).

4 Fazit

Es wurde verdeutlicht welche Wichtigkeit Wasser schon heute spielt, und lässt erahnen dass die Bedeutung von Wasser in Zukunft noch weiter zunehmen wird.

Es gibt zweifellos Konzentrationstendenzen, sowohl im Tafel- und Mineralwassermarkt als auch im Leitungswassermarkt, wobei die Tendenzen durch Liberalisierungen von rechtlichen Regelungen begünstigt bzw. erst ermöglicht wurden. Die Liberalisierungen sollten zwar Verbesserungen für die Menschen bringen, häufig überwiegen aber die Nachteile die Vorteile. Da sich die Konzentrationstendenzen aber erst begonnen haben zu bilden, werden in Zukunft die Monopolstellungen der Wasseranbieter noch weiter zunehmen und die sich daraus schon jetzt ergebenden Folgen für die Verbraucher werden sich noch weiter verstärken. Die genauen Auswirkungen sind aber noch nicht absehbar. Begrenzt werden können die Tendenzen scheinbar nur mit rechtlichen Regelungen. Die Monopolstellung der Anbieter erschwert die Wasserverfügbarkeit für alle Menschen und erhöht die Marktmacht der Unternehmen. Die Wasserknappheit die schon jetzt herrscht, wird sich in Zukunft noch weiter verschärfen, wobei unsicher ist in welchem Ausmaß. Eine korrekte Prognose für die nächsten Jahrzehnte ist aus jetziger Sicht kaum möglich, da sich sowohl die Klimatischen Veränderungen als auch die Veränderungen der Wassermärkte in der Zukunft nicht präzise vorhersagen lassen. Vergangene Prognosen haben gezeigt, dass es oftmals ganz anders gekommen ist als vorhergesagt. Die Unsicherheit wird zudem dadurch erhöht, dass die Entwicklungen nicht überall gleich sein werden. Die Knappheit von Wasser wirkt sich ähnlich auf die Lebensmittelproduktion aus, was zu weiteren Problemen führen wird. Sicher ist aus heutiger Sicht nur, dass Wasser auch in Zukunft weiterhin das wichtigste Gut bleibt und durch nichts substituierbar sein wird.

Literaturverzeichnis

Bhavnani, K.; Foran, J.; Kurian, P.; Munshi, D. (2009): On The Edges of Development, New York: Routledge.

bpb Magazin, Nr. 27, 2007.

Butterwegge, C.; Lösch, B.; Ptak, R. (2008): Kritik des Neoliberalismus, 2. Auflage Wiesbaden: Verlag für Sozialwissenschaften.

Deckwirth, C.: Nebelkerzen aus dem Wirtschaftsministerium. In: http://www.weedonline.org/the men/wto/70000.html, Einsicht 29.11.2009.

Deutsche Bank Research (2009): Lebensmittel – Eine Welt voller Spannung.

Hasskamp, D. 2005: Wasserpolitik. In: http://www.menschen-recht-wasser.de/wasserpolitik/60 _DEU_HTML.php Einsicht 20.11.2009.

Herbeck, S. (2006): Gemeinsame Netznutzung bei der Trinkwasserversorgung, Frankfurt/M u.a.: Peter Lang.

Höring, U.; Schneider, A.K.(2004): König Kunde – Die neue Wasserpolitik der Weltbank, Studie, Stuttgart: Brot für die Welt.

Höring, U.(2005): Wasser für Nahrung – Wasser für Profit, Die Politik der Weltbank im ländlichen Sektor. Stuttgart: Brot für die Welt.

Korrespondenz Wasserwirtschaft, Nr. 8 2009.

Kürschner-Pelkmann, F. (2007): Das Wasser-Buch, 2. Auflage, Frankfurt/M: Verlag Otto Lembeck.

Leitfaden Europäische Kommission (1998).

Lotze-Campen, H. (2007): Ernährungssicherung bei zunehmender Wasserknappheit?. In: VDL-Journal (Berufsverband Agrar Ernährung Umwelt) 17.4.2007

Merkl, G. (2008): Technik der Wasserversorgung, München: Oldenbourg Industrieverlag GmbH

Messner, W. (2008): Wasserversorgern droht Millionenverlust. In: http://www.s-wasserforum. de/index.php?idcatside=298 Einsicht 28.11.2009

Mineral- und Tafelwasserverordnung, Ausfertigung 01.08.1984.

o.V. (2002): Schlussbericht der Enquete-Kommission: Globalisierung der Weltwirtschaft.   Opladen: Leske und Budrich.

o. V. (2004): Export des PR-Debakels. In: Manager-Magazin, 11.03.2004.

o. V. (2005): Mineralwasser oder Leitungswasser, Süddeutsche Zeitung, 24.08.2005.

o. V., o. J. a: Brauchwasser. In: http://www.wasser-wissen.de/abwasserlexikon/b/brauchwasserb triebswasser.htm Einsicht 10.11.2009.

o. V., o. J. b: Wassergewinnung. In: http://www.wasser-macht-schule.com/index.php?id=51 Einsicht 28.11.2009.

o. V., o. J. c: Virtuelles Wasser. In: http://www.virtuelles-wasser.de/371.html Einsicht 19.11.2009.

o. V., o. J. d: Wasser-Fußabdruck. In: http://www.waterfootprint.org/?page=files/home_was ser_fussabdruck Einsicht 19.11.2009.

o. V., o. J. e: Steigender Wasserverbrauch in der Nahrungsproduktion. In: http://www.welthunger hilfe.de/wasserverbrauch-steigt.html Einsicht 30.11.2009.

o. V., o. J. f: Wasserverbrauch für die Herstellung von Lebensmitteln. In: http://www.wasserstif tung.de/wasserfakten.html Einsicht 16.11.2009.

o. V., o. J. g: Weltwasserrat. In: http://www.worldwatercouncil.org/index.php?id=92 Einsicht 20.11.2009.

o. V., o. J. h: Weltwasserrat. In: http://www.worldwatercouncil.org Einsicht 20.11.2009.

o. V., o. J. i: Veolia Marktdaten. In: http://www.veolia.com Einsicht 20.11.2009.

o. V., o. J. k: RWE trennt sich von American Water. Von: Handelsblatt. In: http://www.handelsblatt. com/unternehmen/industrie/verkauf-der-aktien-rwe-trennt-sich-von-american-wa ter;2485857 Einsicht 29.11.2009.

o. V., o.J. j: Suez Kennzahlen. In: http://www.suez-environnement.com/en/profile/key-figu res/key-figures/ Einsicht 29.11.2009.

o. V., o. J. l: BWV – Das Unternehmen. In: http://www.zvbwv.de/de/die_bodensee_wasserver sor gung.html Einsicht 27.11.2009.

o. V., o. J. m: Nestlé Kennzahlen. In: http://www.nestle-waters.com/company/key_dates_in_his to ry.html Einsicht 27.11.2009.

o. V., o. J. n: Mineralwasservielfalt. In: http://www.mineralwasser.com/Mineralwasser-Mehr/viel falt/index.php Einsicht 26.11.2009.

Politik und Zeitgeschichte: Die Wasserkrise im Nahen Osten B 48-49/2001, 30-38. In: http://ww w.bpb.de/publikationen/0CVMKE,0,0,Die_Wasserkrise_im_Nahen_Ost en.html#art0 Einsicht 20.11.2009.

Samuelson, P. A.; Nordhaus, W. D. (2007): Volkswirtschaftslehre, 3. Auflage, New York: Mc Graw-Hill/Irwin

Sander, G.G. (2006): Liberalisierung und Privatisierung im Bereich der Trinkwasserversorgung. In: Aktuelle Probleme der Daseinsvorsorge in der Europäischen Union(2006), Tübingen: Europäisches Zentrum für Förderalismus-Forschung.

Scherrer, C. (2005): Liberalisierung Öffentlicher Dienstleistungen durch das GATS, Wien: Kammer für Arbeiter und Angestellte für Wien.

Snitow, A.; Kaufman, D.; Fox, M. (2007):Thirst – Fighting the Corporate Theft of our Water, San Francisco: John Wiley & Sons.

Statistisches Bundesamt Wiesbaden (2009).

Stiftung Warentest, Test (8/2008).

Tagesschau (2009), Wasser als Kriegsgrund in Darfur. In http://www.tagesschau.de/ausland/wasser darfur100.html Einsicht 20.11.2009.

The United Nations World Water Development Report 1: Water for people – Water for life.

The United Nations World Water Development Report 3: Water in a changing World.

Trinkwasserverordnung / Verordnung über die Qualität von Wasser für den menschlichen Ge brauch (2001), Bundesministerium der Justiz.

Verband Deutscher Mineralbrunnen e.V., Mai 2009